高温与干旱

任珂　刘波　编著

U0390565

气象出版社
China Meteorological Press

图书在版编目（CIP）数据

高温与干旱 / 任珂，刘波编著. -- 北京：气象出版社，2019.1

（气象知识极简书 / 陈云峰主编）

ISBN 978-7-5029-5794-0

Ⅰ.①高… Ⅱ.①任… ②刘… Ⅲ.①高温 – 普及读物 ②干旱 – 普及读物 Ⅳ.①P423–49 ②P426.615–49

中国版本图书馆CIP数据核字（2018）第202187号

Gaowen yu Ganhan

高温与干旱

出版发行：气象出版社

地　　址：北京市海淀区中关村南大街46号　　　　　**邮政编码：**100081

电　　话：010-68407112（总编室）　010-68408042（发行部）

网　　址：http://www.qxcbs.com　　　　　**E - m a i l：**qxcbs@cma.gov.cn

责任编辑：胡育峰　王鸿雁　　　　　**终　　审：**张　斌

责任校对：王丽梅　　　　　**责任技编：**赵相宁

封面设计：符　赋　　　　　**审 图 号：**GS（2018）4731号

印　　刷：北京地大彩印有限公司

开　　本：710 mm × 1000 mm　1/16　　　　　**印　　张：**2.25

字　　数：22千字

版　　次：2019年1月第1版　　　　　**印　　次：**2019年1月第1次印刷

定　　价：10.00元

《气象知识极简书》丛书
编 委 会

主　　编：陈云峰

副主编：刘　波　　　任　珂　　　黄凯安

编　　委：汪应琼　　　王海波　　　王晓凡

　　　　　周　煜　　　康雯瑛　　　李　新

　　　　　李　晨　　　翟劲松　　　李陶陶

　　　　　陈　琳　　　徐嫩羽　　　王　省

　　　　　李　平

美　　编：李　晨　　　李梁威　　　翟劲松

　　　　　杨佑保　　　赵　果

前　言

　　变幻莫测的气象风云，每时每刻都影响着生活在地球上的生命，特别是很多常见的天气现象：高温热浪、暴雨（雪）、台风、寒潮、雷电、沙尘暴……它们的出现往往会给人类带来无穷的烦扰。在人类久远的历史长河中，它们是一股"神秘力量"，令古人见之生畏；而在科学如此发达的今天，虽然关于它们还有很多未知领域需要探究，但面对各类天气我们已经不再惧怕：它们的出现有迹可循，它们的类型有据可辨，它们并非一无是处，它们变得可以被防范、被利用。

　　《气象知识极简书》就是这样一套认识天气的入门级丛书，共8册。内容包括暴雨洪涝、台风、雷电、大风、沙尘暴、高温与干旱、暴雪、寒潮与霜冻共10种与我们生产、生活息息相关的天气类型。采取问答形式，设问有趣活泼，回答简短精干，配以生动的漫画解读读者感兴趣的基础性问题。针对每一种天气类型，不仅仅回答是什么、为什么、面对危险怎么办，还包括我们如何监测天气、如何利用天气等，在阐明气象知识的同时，尽量增加可读性、趣味性。

作为一套入门级气象科普丛书，它受众面较广，既适合作为中小学生的读物，也适合广大对气象科学抱有兴趣的成年读者。

　　以易懂的方式普及气象知识，以轻松的心态提升科学素养。开卷有益，气象万千！

编　者

目 录

什么是高温？

　　火热的夏天，当日最高气温达到或超过 35 ℃的时候，我们会把这样的天气称为高温，连续 3 天以上的高温天气过程称为高温热浪。

1684 年，我国清代的发明家黄履庄，仿制了"验冷热器"和"验燥湿器"，也就是现在我们说的用温度表和湿度表来观测气温和湿度。

1592 年，意大利科学家伽利略利用热胀冷缩的原理研制了测温仪器。

1714 年，德国科学家华伦海发现液体金属比酒精更适合制造温度计，于是发明了水银温度计。

现代气象站观测和记录的气温，是用放在百叶箱里的温度计测得的。百叶箱四面通风，距离地面1.5米高，并且要放在空旷的草坪上，这样测量的气温才准确。

高温也有不同类型吗?

人体对冷热的感觉不仅取决于气温, 还和空气湿度、风速、太阳热辐射等因素有关。根据气象条件的不同, 高温可分为干热型和闷热型两种。

空气湿度

太阳热辐射

风速

冷 ⬌ 热

干热型高温

    气温极高、太阳辐射强而且空气湿度小，表现为天气晴热。在我国北方地区经常出现，最有代表性的地方是新疆吐鲁番。

闷热型高温

    气温高同时湿度比较大，阳光照射并不很强，俗称"桑拿天"，多出现在我国南方，北方地区有时也会出现。

天气预报里我们经常可以听到"副热带高压"这个词，它就是形成我国高温天气最典型的"货源"。

者：副热带高压

晴朗少云

下沉气流

下沉气流

下沉气流

热

我国哪里最"火热"？

全国·之最
新疆吐鲁番年高温日数达**99天**

重庆年高温日数**35天**

　　我国东南部和西北部为两个年高温日数分布高值区，全年高温日数一般超过 15 天。

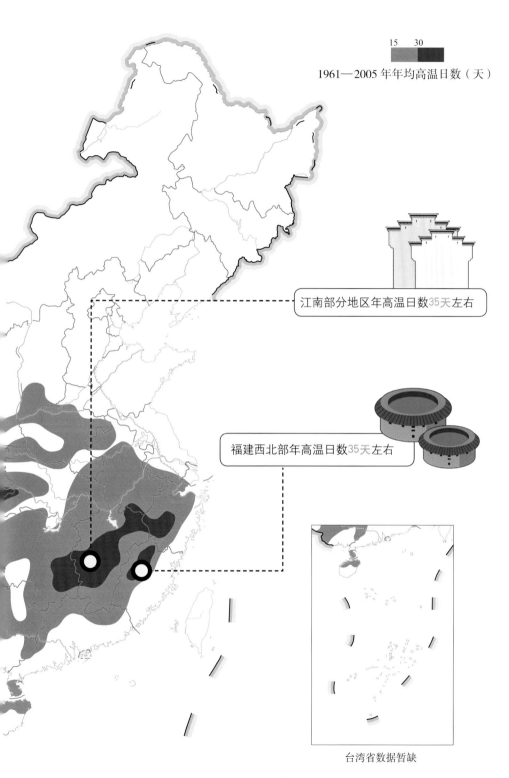

15　30

1961—2005 年年均高温日数（天）

江南部分地区年高温日数35天左右

福建西北部年高温日数35天左右

台湾省数据暂缺

高温都有哪些危害?

头有点晕晕的

天气很热的时候，人会觉得不太舒服，工作学习的时候也会注意力不集中，还容易中暑，发生肠道疾病和心脑血管疾病。

高温天气，人们急需防暑降温，所以用水用电的需求就会猛增，造成水电供应紧张。

土壤的水分会因为高温加速蒸发，当高温和少雨同时出现时，旱灾就会发生，给农业生产造成较大影响。

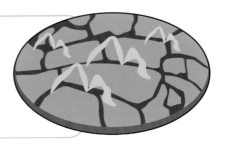

持续的高温少雨还易引发火灾，如果发生森林起火，生态环境将遭到很大的破坏。

太热了，好想要一台电风扇……

旅游、交通、建筑等行业也会受到不同程度的影响。

变质

高温高湿环境，细菌、病毒等微生物大量滋生，食物极易腐败变质，如果吃了这样的食物，就会引起急性胃肠炎、痢疾、腹泻等疾病。

高温黄色预警信号

连续三天日最高气温将在 35 ℃以上。

高温橙色预警信号
　　24 小时内最高气温将升至 37 ℃以上。

高温红色预警信号
　　24 小时内最高气温将升至 40 ℃以上。

吸汗　宽松　纯棉　浅色　透气　勤洗勤换

· 衣

　　易干、宽松、透气、浅色的衣服适合在高温天气穿，贴身衣服最好是纯棉制品；

　　因为大量出汗，衣服要注意勤洗勤换；如果从很热的户外进入温度低的空调房时，要适当增加衣物。

高温天气饮食要注意。

· 食

　　淡盐开水、凉茶、绿豆汤等是高温天气里的最佳饮品；不要吃过多的冷饮；多吃清淡食物，不吃剩菜剩饭。

26℃

·住

适当增加午休，保证睡眠时间；

电扇不要长时间直接对着身体吹；

进出空调房间注意适应室外温差，室内空调最佳温度应设定为26～28℃。

·行

尽量避免或减少户外活动，尤其是10—16时不要在烈日下外出运动；

若外出应采取必要的防护措施，如打遮阳伞、涂防晒霜等，带上充足的水以及防暑药品；

定期检查车况，防止车辆自燃；

如果遇到有人中暑，要迅速抬到阴凉通风处，并马上拨打"120"求救。

记住哦，出了大汗，不要立即用冷水洗澡。

休息，休息一会儿再洗澡。

什么是干旱?

长期无雨或少雨导致土壤和空气干燥的现象叫干旱。干旱与干旱灾害是两个不同的概念。

干旱灾害是指：在较长的时期内，因为降水的严重不足，土壤会因蒸发而水分亏损，河川流量减少，给作物生长和人类活动造成较大危害的现象。在干旱、半干旱气候区，这种灾害并不少见，如：新疆大部、甘肃西北部、宁夏北部、山西北部等。

等级	无旱	轻旱	中旱
现象	降水正常或较常年偏多，地表湿润，无旱象	降水较常年偏少，地表空气干燥，土壤出现水分轻度不足	降水持续较常年偏少，土壤出现水分不足，有萎蔫现象

	重旱	特旱
壤表面干燥，植物叶片白天	土壤出现水分持续严重不足，土壤出现较厚的干土层，植物萎蔫，叶片干枯，果实脱落；对农作物和生态环境造成较严重影响，工业生产、人畜饮水产生一定影响	土壤出现水分长时间严重不足，地表植物干枯、死亡；对农作物和生态环境造成严重影响，工业生产、人畜饮水产生较大影响

干旱也有不同类型吗?

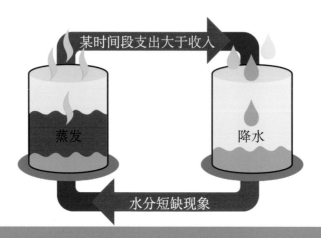

某时间段支出大于收入

蒸发　　　　　　降水

水分短缺现象

气象干旱，是指某个时间段内，因为蒸发量大且降水量小，水分支出大于水分收入而造成的水分短缺现象。

农业干旱，是指农作物在生长发育的时候，正好赶上降水不足，土壤含水量过低，农作物又得不到适时适量的灌溉，造成减产的现象。农业干旱通常以土壤湿度作为指标。

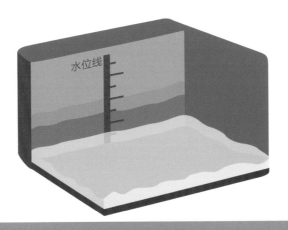

水文干旱，是指河川水流的流量低于正常值或含水层水位下降的现象。最明显的表现就是可利用水量的短缺。

社会经济干旱，是指在人类的生产生活中，因为对水的需求量增加等原因，出现水资源供应不足的现象。

我国哪里最"干渴"？

我国干旱发生频繁。东北的西南部、黄淮海地区、华南南部及云南、四川南部等地年平均干旱发生频率较高，其中华北中南部、黄淮北部、云南北部等地达到 60% ~ 80%；中国其余大部分地区不足 40%；东北中东部、江南东部等地年干旱发生频率较低，一般小于 20%。所以要保护水源，珍惜每一滴水。

快给我三杯水。

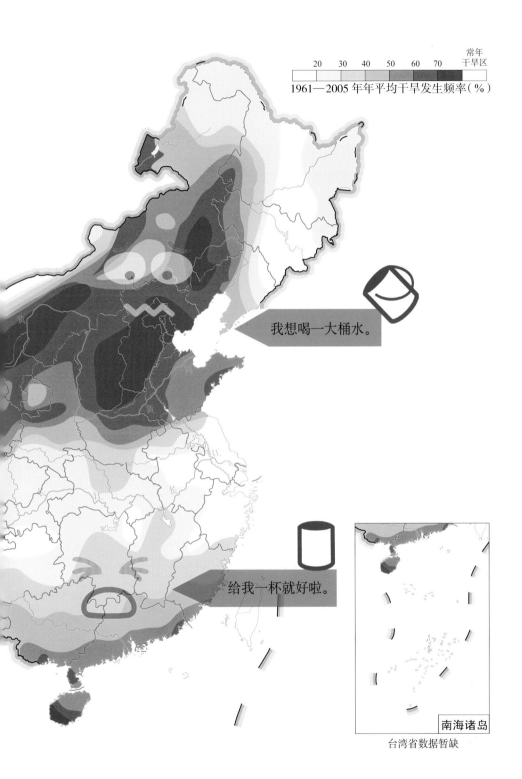

干旱对我们的生活有哪些影响？

干旱对农牧业生产的影响

影响农作物和牧草的分布、生长发育、产量及品质的形成，造成粮食减产，牧草品质下降，畜牧产品受到影响。

干旱对生活的影响

水资源紧缺，用水困难，影响当地居民正常的生产生活。干旱缺水也会使人体免疫力下降，容易生病。

干旱对生态环境的影响

干旱造成湖泊、河流水位下降,甚至干涸和断流,加剧水资源短缺;导致草场植被退化,加剧土地荒漠化;易引发森林及草原火灾和作物病虫害。

干旱对经济社会的影响

干旱导致粮食减产,会影响到食品加工等行业的正常运行,造成物价波动,严重的甚至会影响到社会的稳定。

抗旱措施有哪些？

居民节水抗旱小常识

在洗脸洗手时，不要一直开着水龙头放水，最好用脸盆接水使用。

衣服一起洗，节约水。

在洗衣物时，尽量把衣服集中起来洗，这样可以减少用水。

防止干旱要从源头做起，那就是植树造林。植被多了可以减少水土流失，起到涵养水源的作用。

农业抗旱小常识

这个品种很耐旱哦!

选择耐旱品种。

用地膜、秸秆或砾石覆盖地面,减少蒸发。采用滴灌、喷灌等节水灌溉方式。

修筑水库。

修建山间小水库、塘坝、水窖等。